U0256176

思维上的困惑

——公众关心的转基因问题

农业农村部农业转基因生物安全管理办公室 编

中国农业出版社

北京

图书在版编目（CIP）数据

思维上的困惑：公众关心的转基因问题 / 农业农村部农业转基因生物安全管理办公室编 . —北京：中国农业出版社，2018.10（2020.12 重印）
ISBN 978 - 7 - 109 - 24612 - 6

Ⅰ.①思… Ⅱ.①农… Ⅲ.①转基因技术－普及读物 Ⅳ.①Q785 - 49

中国版本图书馆 CIP 数据核字（2018）第 212475 号

中国农业出版社出版
（北京市朝阳区麦子店街 18 号楼）
（邮政编码 100125）
责任编辑 王庆宁 张丽四

中农印务有限公司印刷 新华书店北京发行所发行
2018 年 10 月第 1 版 2020 年 12 月北京第 2 次印刷

开本：889mm×1194mm 1/32 印张：2
字数：50 千字
定价：12.00 元
（凡本版图书出现印刷、装订错误，请向出版社发行部调换）

主　编：林祥明　张宪法

副 主 编：方玄昌　洪广玉

参编人员（按姓氏笔画排序）：

王　东	王双超	王志兴	龙　成	田文莹	权泽尚
毕　坤	毕延刚	孙　滔	孙加强	孙卓婧	李　响
李文龙	李菊丹	李锦华	杨　慧	杨晓光	吴　刚
吴　欧	吴小智	何晓丹	汪　明	任欣欣	宋新元
张　锋	张　楠	张　璟	张世宏	张弘宇	汪　明
陈坤明	武淑娇	林　敏	金芜军	柳小庆	姜　韬
祖祎祎	顾　媛	徐琳杰	郭平稳	唐巧玲	涂雄兵
展进涛	黄兆峰	黄昆仑	梅英婷	谢　震	谢家建
蔡晶晶					

前言 Preface

作为一项技术，转基因的安全性在科学上有定论，在科学界有共识。过去几十年间，这项现代生物学技术在各个领域得到了广泛应用，尤其是在医学领域，从疫苗到胰岛素、干扰素等药物，都得益于转基因技术。假如没有这项技术，即便它们还能被生产出来，也会因生产效率低而变得价格高昂，普通老百姓将可望而不可及。可以说，今天我们很多人都是转基因技术的受益者。

与医学领域的情况不同，转基因在农业领域，尤其是在作物育种方面的应用，遭到了很大的阻力。

2016 年夏天，来自世界各国的 100 多位诺贝尔奖得主联名发出一封公开信，谴责绿色和平组织多年来对转基因技术的污蔑和攻击。对于相当一部分中国人来说，此事不啻于平地惊雷。在转基因谣言的长期轰炸之下，"转基因的安全性尚无定论"这一错误信息影响了太多太多的人，反对一种"安全性尚不确定"的食品进入百姓餐桌似乎本应是正义之举。2017 年，前世界首富、微软创始人比尔·盖茨表示，转基因食品"完全健康"，并且它们在减少全球饥饿的斗争中是一种很有前途的工具。

站在科学角度看，技术是中性的，无论是用于制药、生产疫苗，还是用于农业育种，转基因只是一项技术。与传统育种技术相比，转基因育种技术更加高效、更加精准，并且可以横向选择其他物种目标性状的基因，极大地扩充了育种的工具箱和资源库。但正因为它更高效，尝试或无意间将有害基因转入目标作物也就变得更容易，这就是转基因这项技术的发展应用为什么必须在政府监管下进行的主要原因。但这并不等于说批准上市的转基因产品有什么特殊的风险；相反，在几乎与这项技术同步发展起来的监管体系——这无疑是有史以来最系统、最严谨、最严格的管理体系——控制下，转基因作物及以之生产的食品，是安全的。

国家对农业转基因工作的方针是明确的，也是一贯的。近 10 年的中央 1 号文件多次对转基因工作进行了部署。2015 年，中央 1 号文件明确要加强农业转基因生物技术研究、安全管理和科学普及，研究、管理、科普三驾马车并驾齐驱，彰显了科学普及在转基因工作中的突出地位、重要程度和紧迫性；2016 年，中央 1 号文件提出加强农业转基因技术研发和监管，在确保安全的基础上慎重推广，再一次强化了确保安全的前提条件。

解决 13 亿人的吃饭问题始终是中国的头等大事。人多地少水缺的国情，难以逆转的耕地面积递减趋势，农业资源短缺的刚性约束，生态环境脆弱的现实，重大病虫害多发频发，干旱、高温、冷害等极端天气条件时有发生，农药、化肥过度使用，农业用水供需矛盾突出，这些情况无一不在提醒我们依靠科技进步是确保粮食安全、实现农业可持续发展的根本出路，无一不在提醒着我们，现代农业的发展呼唤颠覆性、前沿性新技术的推广应用，呼唤农业科技工作者提供新途径、新工具、新手段。农业转基因技术正是在这种背景下脱颖而出的。

但是，受谣言和错误观念影响，对转基因安全性的疑虑及由此引发而来的种种担忧，依然困扰着多数公众，这正是这本小册子编撰工作的缘起——传播科学知识，弘扬科学精神，倡导理性讨论。

本书围绕当前农业转基因领域公众关心的热点问题，进行科普性解读，同时介绍了一些农业转基因管理方面的主要措施，部分资料文献引自网络、报刊以及专家的观点，一并表示感谢！

由于编写仓促，书中难免有遗漏错误之处，敬请读者批评指正。

目录 Contents

◆ 第三章　批准的作物，放心种

◆ 第四章　转基因面临严格监管，实践中日趋完善

◆ 第五章　转基因专利：我们有优势

◆ 第六章　谣言与真相

第一章

走近转基因

※本章提要※

什么是转基因？这是一个很基础、很重要且并不十分复杂的问题。与之相关的另外几个派生问题是：转基因作物、转基因食品与普通作物及普通食品究竟有何差别？有没有本质差别？

完全可以这样说：只要了解清楚这几个问题，那么对于转基因的诸多疑问将迎刃而解。事实上，只要你愿意，了解这些问题并不需要过于高深的专业知识。

1. 什么是基因？

俗话说"种瓜得瓜，种豆得豆""龙生龙，凤生凤"，指的就是生物界普遍存在的遗传现象，这种"子代"与"亲代"相似的遗传现象是由基因决定的，基因携带着从亲代传递到子代的遗传信息。每一种生物都具有独特的性状，每一种性状都是由一个或多个基因决定的。花儿有的白如棉，有的红似火，有的粉，有的紫，这些特征统统源于"基因"。

基因具有"不变"与"变"两个特点，所谓"不变"，就是能够忠实地复制自己，以保持生物的基本特征；而"变"指的是在选择压力或特殊条件下，通过基因的重组或变异，个体与父辈相比会产生一定的变化，这可以让生物更好地适应环境的变化。

　　目前科学界对基因的认识已经深入到分子层次。事实上，我们吃的各种食物，包括肉类、谷物、蔬菜、水果，都含有数以千万计的基因。对于生物的繁衍来说，基因是重要的；但作为食物，基因和蛋白质、脂肪等营养成分一样，在胃肠里待不了多久就会被分解。

2. 什么是转基因？

　　实际上，基因的交换、转移和改变是自然界中常见的现象，是推动生物进化的重要力量。正是基因的改变才使物种能够不断具有新的性状，进一步发展才会产生新的物种，形成了自然界绚烂多姿的生物多样性，我们的世界才能如此丰富多彩。

　　转基因，就是科学家利用工程技术将一种生物的一个或几个基因转移到另外一种生物体内，从而让后一种生物获得新的性状。比如，将抗虫基因转入棉花、水稻或玉米，培育成对棉铃虫、卷叶螟及玉米螟等昆虫具有抗性的转基因棉花、水稻或玉米。

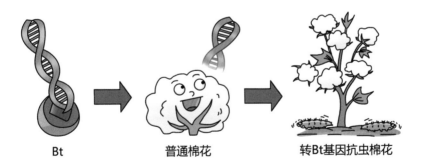

Bt　　　　　　　普通棉花　　　　　　转Bt基因抗虫棉花

　　这种技术，国际上叫做基因改良、基因修饰、基因工程等，我们国内在翻译时形象地译成了"转基因"。人们对转基因最早的误解就是"吃了转基因食品会被转基因"，这种误解直到今天依然存在。这样的误解与以为"人吃了猪肉就会变成猪"或者"骡子不育，人吃了骡子肉也会跟着不育"其实毫无二致。食物中本来就有成千上万个基因，转进去的这一个或几个基因跟另外那成千上万个基因一样在胃里很快被消化掉，它们根本没有任何机会去"动"我们的基因。

3. 转基因育种与杂交育种、诱变育种有何差别？有没有本质区别？

传统育种技术，最早是指人类对自然中具有优良性状的植株进行选择、种植等选育的行为，比如几千年前美索不达米亚的人们发现、选择并种植能够用作粮食的小麦，中国古人最早选择种植水稻，这些就是最原始的"选育"，但这种选育是原始的，自然进行。后来，随着遗传理论发展的育种技术的实践，逐步发展出品种培育技术，再到人工杂交和系统选育，即从父母本杂交重组的后代里面选出综合优点更多的个体，然后通过选育把它培育出来；再后来，人们又通过辐射手段来诱导作物基因发生变异（物理化学诱变、太空诱变），期望它的后代产生可遗传的优

良性状，然后进一步筛选培育优良品种。

无论是杂交、诱变还是转基因，想得到我们预期的优良性状，都需要去改变作物的基因。杂交一次要"转入"成千上万个功能并不清楚的基因，会产生数量庞大到天文数字的基因组合；诱变则是通过物理、化学、辐射等特殊条件的诱导让作物基因发生不可预知的破坏和变化，既可能有我们需要的变化，也可能没有我们需要的变化，更可能有很多我们不需要的变化，转基因一次只"转入"一个或几个功能明确的基因。

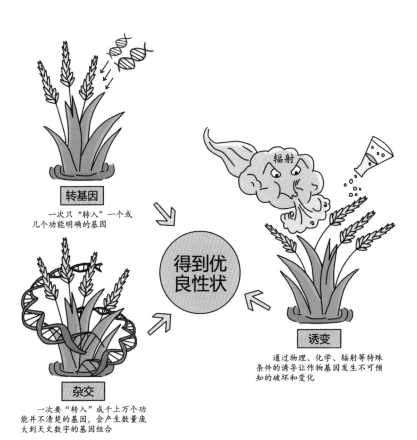

转基因
一次只"转入"一个或几个功能明确的基因

杂交
一次要"转入"成千上万个功能并不清楚的基因，会产生数量庞大到天文数字的基因组合

得到优良性状

诱变
通过物理、化学、辐射等特殊条件的诱导让作物基因发生不可预知的破坏和变化

4. 转基因技术有何优势？

你或许要问：既然杂交、诱变和转基因并无本质区别，那么为什么有了杂交育种技术还要发展转基因育种呢？

国以农为本，农以种为先。育种始终是农业领域的核心问题。中华人民共和国成立以来，我国育成了一大批农作物、畜禽、水产优良品种，为保障食物安全起到了至关重要的作用。但是，科学家在育种实践中发现，育种领域的很多问题通过传统育种技术难以得到有效解决，但通过转基因手段却能够解决。比如，转基因技术能将微生物中的抗虫基因转入植物，实现基因的跨界转移；由于生殖隔离的存在，跨科杂交基本上不可能，杂交在不同种、不同属之间很难进行，通常只能是同一物种的不同亚种之间完成杂交，我们无法期望通过杂交让作物获取微生物中的抗虫基因。与杂交育种相比，转基因技术可以拓宽遗传资源利用范围，实现跨物种的基因发掘、利用，为新品种培育提供一条新途径。

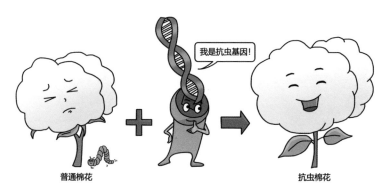

我是抗虫基因！

普通棉花   抗虫棉花

传统育种技术是随机的，很大程度上是靠科学家的经验，比如杂交后产生的基因重组，随机性很大，费尽心血也不一定能得到我们想要的结果。诱变育种通过辐射等让植物发生基因层面的突变，但突变并无固定方向，绝大多数的突变都是我们不需要的突变，经常很多年也筛选不到一株有用的植株。所以，传统育种中运气和经验非常重要。转基因育种能准确地知道目标基因会起到什么样的作用，清楚转进去之后会出现什么结果，效率非常高。

杂交育种、诱变育种过程中也有可能发生不可预知的变化，所以会有不确定性。20 世纪六七十年代，美国曾经发生过杂交土豆及杂交西洋芹品种中生物毒素过高的现象。

5. 转基因作物如何造福人类？种植转基因作物能带来什么效益？

从育种技术的发展历史来看，转基因是在人类明晰了育种技术的原理、目标后，运用新的科技而诞生的一种新技术，它是传统育种技术的延伸和发展，本质上一脉相承。

转基因技术无论是对农业生产还是生态环境都大有裨益。比如，抗虫技术能够减少农药使用，降低农药喷施过程中的人畜中毒发生率；耐除草剂技术能帮助实现免耕（即不用翻地）、大规模生产、无

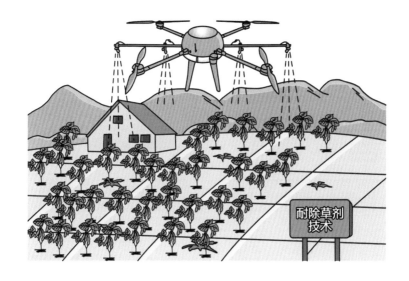

人机等高技术的运用，从而节省耕作时间，降低生产成本，改变耕作模式，提高作物品质，减少产量损失，保护生态环境。1996—2015年种植转基因抗虫和耐除草剂作物给美国农民带来了至少 1 500 亿美元的收益，这些收益源于产量增加和生产成本的降低，同时减少了农药用量 5.84 亿千克（活性成分）。

此外，转基因技术还能帮助作物抗病、抗旱、改善营养品质等，具有耐储存、抗腐败、风味好或品质优等特点的转基因产品的应用，可以大大提高产品的市场竞争力。

从消费者角度看，转基因技术同样能带来福音。比如，用抗虫作物所生产的食品比同类普通食品更健康，例如普通玉米很容易被虫咬，可能产生具有致癌性的霉菌；而抗虫转基因玉米因为防止了被虫子咬，就不容易滋生霉菌。

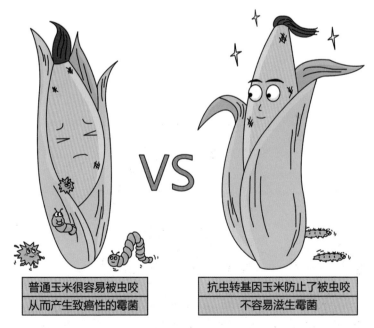

| 普通玉米很容易被虫咬
从而产生致癌性的霉菌 | 抗虫转基因玉米防止了被虫咬
不容易滋生霉菌 |

2014 年，美国批准了一种转基因土豆。传统土豆在炸薯条的过程中会产生对人体有害的致癌物丙烯酰胺，而新品种转基因土豆则把

产生的丙烯酰胺量降低到原来的 1/10，很大程度上预防了这种有害物质的产生。

6. 转基因技术"天然"吗？

很多人认为，"转基因"实现的是跨物种的基因转移，所以转基因不"天然"。事实是，自然界中本来就存在不同物种间的基因转移，自然之手早就做了"转基因"这件事，所以，"转基因"谈不上天然还是不天然。

国际马铃薯中心的科学家对来自美国、印度尼西亚、中国、南美部分地区及非洲等地的 291 种红薯品种研究后发现，这些红薯品种中都含有来自农杆菌的基因，而且这种转基因方式就是目前科学家采取的主要的一种转基因方法。这一结果表明，农杆菌早就将它的基因插入到了红薯中，通过自然选择，红薯保留了这些基因，从而成为天然的转基因产物。

农杆菌　　　　　　　　　　　　农杆菌

7. 我们身边的转基因药品和产品有哪些?

　　除了农业育种,转基因技术早已在人类生活与发展中发挥着重要作用,目前已经广泛应用于医药、工业、环保、能源等其他领域。1982 年开始应用于医药领域,1989 年开始应用于食品工业领域,目前广泛使用的人胰岛素、重组疫苗、抗生素、干扰素和啤酒酵母、食品酶制剂、食品添加剂等,很多都是用转基因技术生产的产品。

　　多数人都有过接种疫苗的经验。早期疫苗大多是减毒疫苗,即把病毒培养出来后做处理,让它变得没有攻击性。这种疫苗安全吗? 总的来说也是安全的,因为采取了比较严格的程序。但也有一定的不安全性,因为理论上存在灭活或减毒不彻底的风险。后来科学家使用了更加先进的方法,通过基因工程手段即转基因手段制造疫苗,彻底消除了疫苗的安全隐患。目前乙肝、丙肝等疫苗都是通过基因工程生产的。

　　疫苗并非转基因技术在医学领域的唯一应用,利用转基因手段制造的药物已经遍布医学的各个领域,包括肿瘤、心脑血管病及免疫系统疾病等。人们更熟悉“化学药物”这个概念,我们吃的西药,大多属于化学药物;但近些年,有一大批药物已经不属于化学药物,而被叫做“生物药物”。

　　典型的一种药物就是胰岛素。传统胰岛素是怎么来的呢? 是从牛的胰腺分离出来的,一个糖尿病人一天的胰岛素用量,需要好多头牛的胰腺才能提取到,普通百姓用不起如此昂贵的药品。目前则是通过采取转基因技术,利用微生物生产胰岛素,才让胰岛素注射治疗变得如此便宜。类似的例子有很多,药物种类涵盖了抑生长素、干扰素、人生长激素等。

　　转基因在工业方面也广泛应用。我们现在用得最多的洗衣粉里面通常都会加一种酶进去。酶是一种生物催化剂,加进去后可以更有

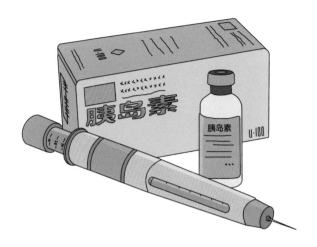

效、更科学地消除不亲水的污染物。衣服穿脏了有两方面因素，一是外面粘上了脏东西；二是里面的脏东西，包括人类分泌的汗或者脱落的细胞，其主要的成分是蛋白质和脂肪，粘上去以后不容易洗下来。如果用普通洗衣粉来洗，需要水温比较高、洗衣机转动非常快速才能把它震下来或者洗脱下来。但是我们加蛋白酶进去就可以把蛋白质分解掉，加脂肪酶就能把脂肪分解掉，加淀粉酶就可以把淀粉分解掉。

　　以前蛋白酶要从动物组织里面提取，成本很高，不可能应用于日常生活，提取出来都是用来做实验。现在我们可以把生产蛋白酶、脂肪酶、淀粉酶的基因克隆出来转到细菌里面去，利用细菌低成本大规模生产蛋白酶、淀粉酶和脂肪酶。

　　可以说，转基因技术带来的种种好处大家早就享受到了。

第二章

上市的转基因食品，请放心

※本章提要※

转基因产品的食用安全性无疑是国人最关心的问题。对于这个问题，科学上有结论，科技界有共识，它是农业转基因安全评价体系的核心内容，是科学家最关心的问题，也是科学家最不怕回答的问题。

8. 转基因食品的安全性有定论吗？

对转基因食品的安全性持怀疑态度主要出于两种原因：一是认为转基因在专家学者群体或者公共舆论层面上还存在争议；二是认为转基因食品是新生事物，对其研究尚浅，科学家可能还有"考虑不周"的地方。

转基因在公共舆论中的确存在争议，但舆论中的争议要看争论的双方是谁，以及争论的内容是什么。如果是一个肿瘤科医生和一个程序员争论癌症的治疗问题，大家显然会认为肿瘤科医生更了解情况。转基因问题也是如此。

那么科学家群体内部有争议吗？应该说，确实有一些隔行学者质疑过转基因的安全性，但是，与转基因安全性最密切相关的分子生物学、食品毒理学领域的科学家对其安全性是有共识的，不存在争议。

众所周知，2016 年全球有 100 多位诺贝尔奖得主联名支持转基因技术，其中包括多位生物学领域的开拓者、泰斗级人物，这是转基因安全性在主流科学家中存在共识的表现之一。

更为重要的是，和我们平常所看到的"争论"不同，科学家如果对一个问题有不同观点，并不是通过和别人"打嘴仗"或者接受媒体采访的方式来表达，而只能通过做实验、发表论文的方式来表达。然而，目前全球还没有一篇获得学术界普遍认可的、发表在权威学术刊物上的文章，能证明转基因确实存在安全问题。这并非转基因安全性的研究做得少，全球已有至少 9 000 多篇关于转基因安全性的 SCI 论文，全球科学家为此耗费了数以百亿计的研究经费，却未发现转基因不安全的确凿科学证据。

欧盟对转基因技术的安全性研究进行了 25 年，500 个独立研究组、130 个课题，耗费 3 亿欧元（这还不包括项目所在国的配套经费），是对转基因育种这项技术安全性最彻底的评估之一，结果也跟其他地区科学家获得的结论一致：转基因育种与传统作物育种一样安全。

正是基于这些可靠的研究，世界卫生组织、联合国粮农组织、欧盟食品安全局、法国科学院、日本厚生劳动省、美国食品药品监督管理局、英国皇家学会、美国国家科学院、中国科学院等权威机构都对转基因安全性发表了声明，均认为转基因食品与传统食品一样安全。

有人认为"转基因食品是新生事物，科学家也可能有考虑不周全的地方"，这是对基因工程的历史不了解所导致的。早在 1971 年，美国生物学家伯格就做了人类历史上第一例基因工程（我们所说的转基因）实验，1974 年美国科学院专门成立了一个委员会，讨论怎样规范基因工程的程序，以避免产生安全问题。转基因技术发展到今天，从科学基础到实验原理、过程、效果，科学家已经了解、明晰，因此，该领域从未发生由于科学问题导致的安全事故。

转基因植物已经面世 20 多年，而基因工程的历史更久。可以说，公众所担忧的问题，科学家早就想过、做过、验证过，公众想不到的问题，科学家也早就考虑到了，毕竟全球有数以万计的科学家，他们

的工作就是天天琢磨这些问题。

9. 虫子不吃，人为什么能吃？

在谈论转基因抗虫水稻时，大家最担心的是"虫子都不吃，人还能吃吗"。这个想法可能和人们对化学农药的印象有关，认为化学农药既能杀虫，也能使人中毒。但其实我们身边的很多东西都是其他物种无福消受、人类却视为美食的东西，比如巧克力对人类来说是美味，但猫、狗吃了就会中毒。

不同动物消化能力不同，导致摄取的食物不同，这是自然界的普遍现象。狗吃太多巧克力会中毒，这是因为人可以很容易代谢巧克力中的可可碱，但狗代谢可可碱却很难，但并没有人质问"巧克力狗都不吃，人还能吃吗"。

与之相类似，转基因抗虫水稻里的 Bt 蛋白正是利用了物种差异性特点。

Bt 蛋白的来源苏云金芽孢杆菌，70 多年来一直作为安全的生物杀虫剂在农业生产上持续应用。通过转基因技术将 Bt 基因转入作物后，抗虫转基因作物自身就能产生 Bt 蛋白，内生 Bt 蛋白杀虫效果更好更稳定，而且高度专一，只与特定害虫肠道上皮细胞的特异性受体结合，使害虫死亡。人类、畜禽和其他昆虫肠道细胞没有该蛋白的结合位点，吃了当然安然无恙。

Bt 蛋白主要作用于害虫的消化系统，由于不同生物的取食习惯明显不同，进而导致消化道里的环境大不相同，某些害虫的肠道环境是碱性的，而人的胃液环境是酸性的，这意味着能对害虫起作用的 Bt 蛋白，进入人的消化道后却不会发挥作用，它的"命运"只会像其他蛋白质一样，被含有消化蛋白质的酶彻底"瓦解"。

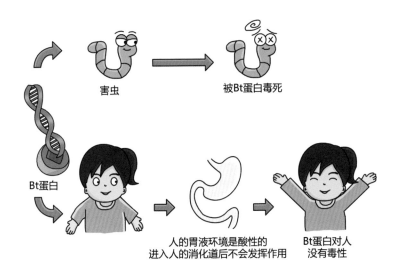

害虫　　　　　被Bt蛋白毒死

Bt蛋白

人的胃液环境是酸性的
进入人的消化道后不会发挥作用

Bt蛋白对人
没有毒性

实际上，Bt 杀虫剂还被广泛用于有机农业的种植。和化学农药相比，这种生物农药最被广泛称誉的优点就是人畜无害、不污染环境。

10. 为何转基因食品不做人体试验？

很多人都知道药物要做人体实验，因此会问，为什么转基因食品不做人体实验呢？这里面涉及两个问题：人体实验既要讲科学伦理，还要考虑实验在设计、操作上的可行性。这两条缺一不可。

药物做人体实验，是因为药物的作用就是治疗疾病，其主要出发点就是让身患疾病的人回归健康，同时观察潜在副作用，因此在实验伦理上是成立的。但如果要做转基因食品的人体实验，其"暗藏"的前提是认为这种食品的安全性不明，可能危害健康，要让人验证它是否会"致病"。

此外，转基因的人体实验在设计上不可行，达不到实验目的。药物的临床实验，受试者的症状、实验目标一致，能够对所有参与者的实验过程严格管控，最后对药物的疗效进行比较。但食物很难这样操作，你不能要求所有受试者在很长一段时间里只吃一种或两种食物，也不能要求所有人都吃完全一样的食物。同时，人的健康状况受很多因素影响，假使真的有人在参加实验后生病了，也很难判断是因某种食物还是其他因素引起的。

要验证转基因的安全性，并不是非做人体实验不可。现代科学对于食品的成分以及在人体中的消化过程已经掌握得十分清楚，比如转基因玉米和非转基因玉米，它在主要成分上没有区别，那么对于人的健康来说就不会产生新的问题。

验证食品的安全性，国际上的通行做法都是用动物试验，这种做法足够评估转基因食物的安全性。目前转基因食品安全评价一般选用模式生物小鼠、大鼠进行高剂量、多代数、长期饲喂实验进行评估。迄今为止，所有的动物实验均未发现转基因食品存在安全问题。

全世界没有一个国家对任何一种食品会采用人体实验的方式来验证其安全性。试想一下，如果说转基因食品需要做人体实验，那么各种保健品、新资源食品是不是更需要做人体实验呢？

11. 转基因食品为何无需几代人试吃？

有人说"转基因食品吃一代人是看不出问题的，要吃三代甚至更多代看看"。

实际上，对于转基因食品，无论其转入的基因来自于哪种生物，也无论生命科学未来怎么发展，最根本的一点在于基因的生物化学性质不会变，基因就是脱氧核糖核酸（DNA）的片段。我们平常食用的食物，如蔬菜、水果、海鲜、牛羊肉等，都含有各种各样、天文数字的基因。这些基因及其表达产物蛋白质可以被人体消化分解，无论吃几代、无论科学怎么发展，这点都不会变。我们选择转入的基因也一样，这就决定了转基因食品在人体中没有"累积效应"，它不会像某些有毒物质那样随着摄入量的增加而累积。基因的产物蛋白质压根过不了消化系统这一关，无法进入人体细胞，更不用说进入人的生殖系统了。

"转基因食品可能导致绝后"是一种在中国广泛流传的谣言，因为中国传统文化中有"不孝有三，无后为大"的说法。说一个人"绝后"是最恶毒的攻击，而某些极端反转人士正是利用这种心理，反复传播这一谣言。这就像在非洲，最广泛流传的谣言是"转基因食品可能导致艾滋病"，因为在非洲，最让人害怕的就是艾滋病。

12. 为什么说转基因食品"至少跟同类传统食品一样安全"？

国际权威科学机构对于转基因食品的评价是"至少跟同类传统食品一样安全"，或者说"其食用风险并不比传统食品更大"。事实上，如果我们考虑其某些特性及监管因素，会发现转基因食品甚至比"传统食品"更安全：抗虫转基因技术减少了农药残留，显然提高了食品的安全性；转基因食品接受了更加严格的监管和层层检测，大大减少了食品生产中的不规范行为，这也提高了其安全性。

我们还可以从另外一个角度来分析转基因食品的安全性。传统育种种出来的玉米，经常被玉米螟虫啃食，而被咬过的玉米在下雨

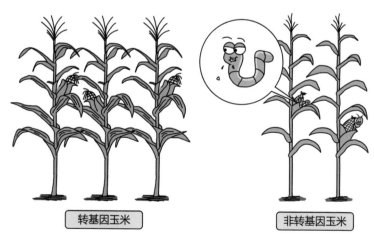

转基因玉米　　　　非转基因玉米

后，很容易发生霉变，从而产生强致癌物黄曲霉素以及致畸的伏马毒素。黄曲霉素的毒性是氰化钾的 5 倍，会造成严重的健康问题。转基因抗虫玉米能够防止被虫咬，也就减少了发霉带来的致癌问题。

与杂交育种、诱变育种等相比，转基因育种更为精准、过程可控、性状可预期。杂交育种可能一次导入的就是上千上万个基因，形成数以百万计的基因组合；辐射诱变育种一次可能导致成百上千个基因突变，既有我们需要的突变，也有我们不需要的突变。转基因育种一次只转入一个或几个基因，转入的是什么基因，插入的位置在哪，后代是什么情况，清清楚楚。

也有人会说，"杂交育种只是同种植物之间的交流，而转基因植物导入的是跨物种的外源基因，更危险"。实际上，如果它们成为食物进入人体，人的消化系统根本不会管这些基因从哪儿来，都"一视同仁"地进行消化。

需要提及的是，"纯天然"或"自然食品"只是一个相对的概念，毕竟人类的食物都是经过几百甚至上千年的育种、选择而来的，但即使是人类上千年"挑"出来的食品，也不一定是安全的。很多人爱吃蕨根粉，蕨根粉源自蕨菜，蕨菜也是南方人很爱吃的一道野菜，但蕨菜中的原蕨苷具有致癌性；烧烤、腌制食品会增加致癌风险。所以，并不是祖先"吃了上千年"的食品就是安全的。

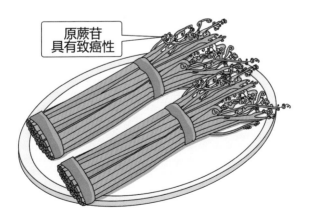

原蕨苷具有致癌性

13. 转基因是外国控制中国的"秘密武器"吗？

网络上流传一种说法，说转基因是西方算计中国、控制中国的阴谋。

技术靠专利来保护，这是一个很重要的前提。通常来说，技术的保护有两种方式，一种以技术秘密的方式来保持，另一种就是以专利手段来保护。比如可口可乐，它的配方无法用专利的方式来保护，因为专利到期后必须公开，一旦公开很容易被仿制出来。正因为可口可乐是以技术秘密的方式进行保护，所以很多厂家进行仿制，出现各种名堂的可乐饮料也就不存在任何侵权问题。

转基因技术一个很重要的特点，就是逆向工程非常容易实现，这类技术利益的保护就只能是专利方式。简单说，就是设计研发一个转基因产品很难，因为是高新技术，但如果有一个转基因产品做出来了，再仿制它就很容易。好比写一本《红楼梦》很难，但大量印刷《红楼梦》很容易。其原因是如今 DNA 测序非常简单，通过向商业测序机构购买服务，大规模的测序很容易破解转基因产品的秘密，因此，转基因无法通过"技术秘密"的方式保护。

　　很多人会说，为什么美国的很多技术，比如国防技术都要对中国保密，但是对推销转基因技术却很积极？这很容易理解，因为转基因技术是专利保护，有时间压力，必须在 15 年或者 20 年的专利保护期之内尽快获取经济回报，这是正常的经济现象。相反，很多军事武器等的核心技术都是以高精度加工、高度复杂结构、高性能材料、高精尖微电子技术、机器源代码等为特征，一旦公开就无法保护，只能以技术秘密方式维持利益和保持优势。

　　转基因技术主要由三个方面构成。一是特定的功能基因，要得到特定的功能基因很困难，但是一旦得到了，只要把它的序列测清楚，那么很容易被复制和克隆。二是高效的表达载体，它实质还是一个 DNA 特定的排列组合，也是很容易被克隆和复制的。三是高效的基因转化技术，实际上在该领域的某些应用上，中国还是领先的。

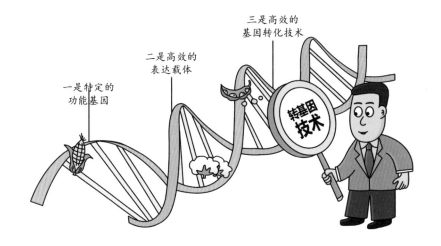

　　之所以说转基因阴谋论在技术上不成立，根本原因是基因的唯一价值是它包含的信息，而这个信息对应它的 DNA 序列，测序了以后就可以进行数字化的存储和传播。所以说，转基因阴谋论只是一种臆想。

14."转"出来的"功能作物"有哪些？

科学家利用转基因技术，可以实实在在地通过饮食来改善消费者的健康状况。

目前全球能够造福百姓的"功能作物"至少有如下十余种：

作物名称	功能作用
黄金水稻	富含β-胡萝卜素，防治夜盲症，对贫困地区的失明儿童具有重要作用
高抗性淀粉转基因水稻品种	通过转基因抑制淀粉分支酶基因的表达，提高高抗性淀粉含量，有效控制糖尿病人血糖的升高，使得对大米有偏好的糖尿病人可以正常食用大米，同时也是减肥人士的福音
低谷蛋白水稻新品种	适合肾脏病患者食用
富铁转基因水稻	改善营养性贫血症
富含α亚麻酸转基因水稻	有利于降血压血脂，抑制血栓性疾病，用于医学治疗
富含γ氨基丁酸转基因水稻	缓解高血压症状、心血管疾病等
高GABA含量水稻	有利于缓解高血压症状
富含人乳铁蛋白转基因水稻	作为新型抗菌、抗癌药物和极具开发潜力的食品和饲料添加剂
富含人血清白蛋白的转基因水稻	利用转基因水稻作为"生物反应器"生产出可供人类使用的人血清白蛋白，可代替人工血浆用于医学
高油酸含量大豆	可以预防心脑血管病
去除过敏原转基因大豆	可供对大豆过敏者食用

（1）黄金水稻：富含胡萝卜素，防治夜盲症，对贫困地区的失明儿童具有重要作用；

（2）高抗性淀粉转基因水稻品种：通过转基因抑制淀粉分支酶基因的表达，提高高抗性淀粉含量，有效控制糖尿病人血糖的升高，使得对大米有偏好的糖尿病人可以正常食用大米，同时也是减肥人士的福音；

（3）低谷蛋白水稻新品种：适合肾脏病患者食用；

（4）富铁转基因水稻：改善营养性贫血症；

（5）富含α亚麻酸转基因水稻：有利于降血压血脂，抑制血栓性疾病，用于医学治疗；

（6）富含γ氨基丁酸转基因水稻：缓解高血压症状、心血管疾病等；

（7）高 GABA 含量水稻：有利于缓解高血压症状；

（8）富含人乳铁蛋白转基因水稻：作为新型抗菌、抗癌药物和极具开发潜力的食品和饲料添加剂；

（9）富含人血清蛋白的转基因水稻：利用转基因水稻作为"生物反应器"生产出可供人类使用的人血清白蛋白，可代替人工血浆用于医学；

（10）高油酸含量大豆：可以预防心脑血管病；

（11）去除过敏原转基因大豆，可供对大豆过敏者食用。

第三章

批准的作物，放心种

※本章提要※

即便是许多支持转基因的人士，也会存在一种困惑：既然转基因技术能够抗虫，那么它是否会对生态环境存在一种迥异于传统作物的影响呢？

通过长期监测、田间观察，以及科学家的严格实验，证明这种担心是多余的。种植转基因作物和种植传统作物一样，都会对生态环境产生一定的影响。权威研究证实：转基因作物种植20年多来，取得了巨大的环境效益——也就是说，相比于传统作物，转基因作物对于环境的影响是正面的、积极的。

15. 转基因农业会破坏生态环境吗？

首先要明确的是农业只是一种人工生态，它不是自然生态。影响农业生态的因素，未必能影响自然生态。同时要认识到，农作物的害虫，是自然生态对人工生态的入侵，而不是相反。

与中国人早先更多担心转基因的食用安全性不同，欧美国家的人们一开始更多的是担心转基因的环境影响。

最早引发人们对转基因环境安全性担心的，是源于 20 世纪末发生于美国的"帝王蝶事件"。

又来……
刚刚还说我害了耗子……

凶手？……

农药

1999 年 5 月，英国《自然》杂志发表了一篇文章，称其用拌有转基因抗虫玉米花粉的马利筋杂草叶片饲喂帝王蝶幼虫，发现这些幼虫生长缓慢，并且死亡率高达 44%。文章发表后，美国举国震动，美国环境保护局（EPA）组织昆虫专家展开专题研究。研究结论认为，转基因抗虫玉米花粉在田间对帝王蝶并无威胁，发表在《自然》杂志的这一实验是在实验室完成，并不能反映田间的真实情况。

类似的还有"墨西哥玉米事件"。2001 年 11 月，《自然》杂志发表一篇文章，大意是说在墨西哥南部采集的 6 个玉米品种样本中，发现了一段可启动基因转录的 DNA 序列，以及一段与转基因抗虫玉米所含的基因相似的基因序列。但是，这篇论文发表后受到了科学界的批评，指出其试验方法错误，试验结论错误。2002 年 4 月 11 日，《自然》杂志申明"该文所提供的证据不足以发表"。

这是迄今声称转基因可能对生态产生负面影响的最有名的两起事件，最终都被科学界否决。

还有两个谣言是"种植过转基因作物的土地会寸草不生"和"种植转基因作物的土地会出现超级杂草"。很明显，这两则不能兼容的谣言互相矛盾。

认为转基因作物危害环境，其实只是一种猜测。他们认为农业是一种"天然"状态，而转基因作物是一种新的物种，那么这种新物种是否会破坏原来的农业状态，或者打乱原来的生物链呢？

这种"猜测"存在两个误区，一是农作物是人类选育出来的，农业更是需要农民去维护的，没有人的维护，农田里杂草丛生，是因为农作物根本竞争不过杂草。二是转基因作物只不过是具有某方面"优势"的作物，选育有综合优势的作物，这是人类正在做、也是一直在做的重要工作。

转基因作物在本质上与普通作物并无差别，没有理由认为它对环境会有特殊危害。相反，种植转基因作物能减少农药的使用，实现免耕，反而能保护环境、减少水土流失，这却是大家看到的实实在在的事实。

16. 为什么说转基因作物对环境有保护作用？

转基因作物可以成为环境卫士，它可以从多个方面保护环境：抗虫技术可以减少杀虫剂对环境的影响；耐除草剂技术有利于推广免耕/少耕的生产系统来减少水土流失；资源高效利用技术可以减少碳排放，节约水、肥、药等，能够为应对气候变化做出贡献。

耐除草剂转基因技术使免耕法（即不用翻地）等保护型耕作方式的大面积推广成为可能，从而减少水土流失，最终保护了环境。传统

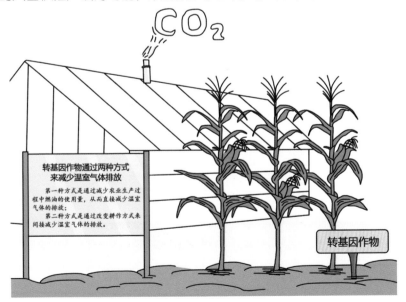

的耕作方式容易因反复耕作造成水土流失而导致土壤退化，而保护型耕作方式可以通过减少土壤的风蚀和水土的流失，从而减缓土壤的退化，减少化肥中氮、磷等营养成分流失到水体。

　　根据统计，目前转基因作物每年帮人类减少二氧化碳排放量大约3 000万吨。转基因作物主要通过两种方式来减少温室气体排放：第一种方式是通过减少农业生产过程中燃油的使用量，从而直接减少温室气体的排放；第二种方式是通过改变耕作方式来间接减少温室气体的排放，主要是通过免耕，增加土壤中的有机质成分，使更多的碳保留在土壤中，这相当于另一种方式的"碳固定"。

17. 基因漂移可怕吗？

　　基因漂移又被称为基因漂流、基因流动，指的是基因在不同种群之间的转移。

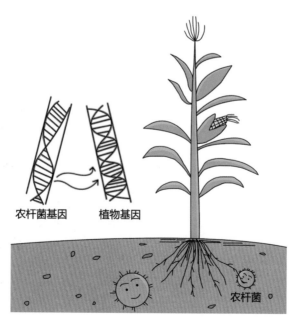

农杆菌基因　　植物基因

农杆菌

"基因跨种转移"是一个自然存在的过程，土壤中普遍存在的农杆菌就能将自己的基因悄悄地转移到植物中去，目前广泛运用的转基因方法就有农杆菌侵染法。除此之外，能够发生基因漂移的方式还有种群迁徙或者植物花粉随风飘散等。

上亿年来的生物进化都离不开基因漂移，一种生物的某种基因向附近野生近缘种的自发转移，会导致附近野生近缘种发生内在的基因变化，从而具有了该基因的一些优势特征，最终形成新的物种，使生态环境发生结构性变化。

我们所关心的问题和担忧，也是科学家所关心和担忧的，这些问题科学家全都进行了评估；人们没有注意到的问题，科学家也都进行了严格的评估。科学家在评估基因漂移的影响时，会全面评估转基因植物中的外源基因向栽培作物、野生近缘植物等漂移的概率、影响、潜在风险等情况。为了避免转基因作物的一些性状向非目标植物传递，科学家会采取在试验区设立隔离带等一些防护措施。比如，10米的间隔就可以防止转基因水稻影响非转基因水稻。

18. 科学家都要做哪些环境安全性测试？

　　与传统作物相比，科学家在转基因作物种植之前所做的安全性评估工作要严格得多，其中就包括环境安全性评估。

　　通常情况下，科学家对一种转基因作物需要做的环境安全性评价过十几项甚至几十项，主要包括四个大的方面：

　　一是生存竞争能力评价，在自然环境下，与非转基因对照生物相比，评价转基因生物的生存适合度与杂草化风险。

　　二是基因漂移的环境影响评价，评价转基因生物的外源基因向其他植物、动物和微生物发生转移的可能性及可能造成的生态后果。

　　三是生物多样性影响评价，根据转基因生物与外源基因表达蛋白的特异性和作用机理，评价对相关植物、动物、微生物群落结构和多样性的影响，以及转基因植物生态系统中病虫害等有害生物地位演化的风险。

　　四是靶标害虫抗性风险评价，评价转基因抗性作物可能造成靶标害虫产生抗性的风险。

19. "抗性"害虫及杂草的出现可怕吗？

　　这是一个由来已久的问题：抗虫害的转基因作物大面积种植后，如果害虫形成了抵御能力怎么办？这个问题科学家早已未雨绸缪。

　　美国抗虫转基因作物商业化十几年了，目前还没有出现这种大面积具有抗性的虫子，一个主要原因是他们使用一种"害虫避难所"的策略，就是在种植抗虫害的转基因玉米的同时，还会种一些不抗虫的玉米作为害虫的"避难所"，这可以极大地延缓抗性害虫出现的速度。

　　即使真的出现了抗性虫子也不可怕，科学家可以研究新的转基因抗虫作物——这也是科学家正在做的事情。一些科学家的实验室会专门人为筛选、培育抗性害虫，目的就是要为以后抗性害虫出现的情况未雨绸缪。抗性杂草问题，也一样可以通过新技术来解决。

　　抗性的产生并非转基因作物所独有，并不是转基因作物的特征。人类和害虫一直在斗争，过去害虫对农药产生了抗药性，我们会研

制、生产新的农药，并没有谁认为因害虫会对农药产生抗性，所以我们就不用农药了；用转基因技术抗虫，当然也应该秉承一致的逻辑。

第四章

转基因面临严格监管，实践中日趋完善

※本章提要※

    农业转基因技术跟其他科学技术一样，本身都是中性的，关键在于如何使用。从理论上来说，转基因技术既可以造福于社会公众，也可能产生风险，因此需要在政府严格的管控下有序发展，这正是世界各国强化监管的目的所在。

20. 既然说转基因的安全性有定论，为什么对它的管理更严格？

从科学原理来说，转基因产品是否安全跟转入的基因、表达的产物，以及转入过程是否增加了相关的风险有关，对这些环节进行评价即可以确保安全，这也是世界各国进行转基因安全管理的通行做法。

育种企业的目标是长久赢利，更会想方设法保障转基因的安全性。转基因农业发展的 20 多年历史也证明，转基因技术一直在造福农业、农民和消费者，并未有"有害产品"上市。

转基因管理比传统技术更严格，说的是企业、监管部门对这项技术的各个环节、各种影响都会进行评估，其安全保障的要求、措施是充分而完善的。

21. 欧盟各国及美、中管理转基因的原则为何有差异？

由于各国在农业、环境与生物多样性以及经济、贸易和文化等方面存在差异，各国在坚持科学原则的基础上，根据本国利益需求和国情制定的转基因安全管理制度及法规不尽相同。

美国主要遵循"实质等同原则"，实行以产品为基础的管理模式，即强调产品本身是否确有实质性的安全问题，而不在于它是否采用了转基因技术，无论是否是转基因产品，都只在有科学证据证明其存在安全问题并可能导致损害时，政府才采取管制措施。这与美国 FDA 一贯秉承的科学原则相一致，那就是：只考察食用或医用途径中的新物质对人类是否有安全问题，而不论这个物质是什么技术带来的。美国在风险分析中应用产品实质等同原则，不对转基因单独立法，而是实施多部门按既有职能分工协作的管理体系。

与之相对应，欧盟主要采用"预防原则"，强调过程安全评价管理，即关注研发过程中是否采用了转基因技术，并通过专门的法规加以管理和限制。

中国遵循国际通行指南，综合借鉴美国和欧盟做法，根据自己的国情农情，安全评价既针对产品又针对过程，以确保产品安全。

22. 中国都有怎样的管理法规？

中国对转基因的管理，最早的文件是 1993 年 12 月 24 日，由国家科委发布的《基因工程安全管理办法》（后废止），其规定从事基因工程实验研究的同时，还应当进行安全性评价。到 1996 年 7 月，农业部颁布《农业生物基因工程安全管理实施办法》（后废止），对农业生物基因工程项目的审批程序、安全评价系统以及法律责任等做了原则性规定，确定了归口管理的原则，具体实施细则由有关主管部门负责制定。1997 年 3 月，农业部正式开始受理农业生物遗传工程及其

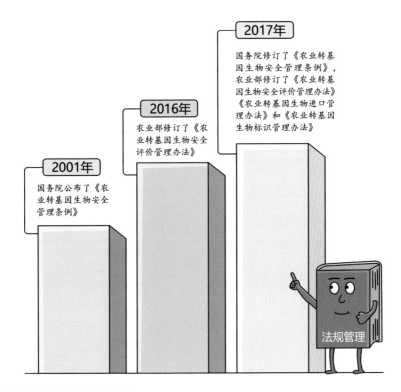

产品安全性评价申报书。

　　2001 年 5 月 23 日，国务院公布了《农业转基因生物安全管理条例》，明确规定农业转基因生物实行安全评价制度、标识管理制度、生产许可制度、经营许可制度和进口安全审批制度，其目的是为了加强农业转基因生物安全管理，保障人体健康和动植物、微生物安全，保护生态环境，促进农业转基因生物技术研究。

　　在《农业转基因生物安全管理条例》发布后，农业部和质检总局制定了 5 个配套规章，即《农业转基因生物安全评价管理办法》《农业转基因生物进口安全管理办法》《农业转基因生物标识管理办法》《农业转基因生物加工审批办法》和《进出境转基因产品检验检疫管理办法》等。2016 年，农业部修订了《农业转基因生物安全评价管理办法》。2017 年，国务院修订了《农业转基因生物安全管理条例》，农业部修订了《农业转基因生物安全评价管理办法》《农业转基因生物进口管理办法》和《农业转基因生物标识管理办法》。

《中华人民共和国种子法》《中华人民共和国农产品质量安全法》《中华人民共和国食品安全法》等法律对农业转基因生物管理均作出了相应规定。种子法对转基因植物品种选育、试验、审定、推广和标识等作出专门规定。农产品质量安全法规定，属于农业转基因生物的农产品，应当按照农业转基因生物安全管理的有关规定进行标识。食品安全法规定，生产经营转基因食品应当按照规定进行标识。

23. 为什么要标识？

转基因标识与安全性无关。转基因的安全性在进行安全评价和颁发安全证书的时候已经解决了。标识是为了保障消费者的知情权和选择权。

依据《农业转基因生物标识管理办法》和国家标准《农业转基因生物标签的标识》，中国对转基因大豆、玉米、油菜、棉花、番茄等5类作物17种产品实行按目录定性标识，凡是列入标识管理目录并用于销售的农业转基因生物，即使最终产品检测不出转基因成分，都必须进行标识。目前，我国市场上没有转基因番茄产品。

第一批实施标识管理的农业转基因生物目录

作物	种　　类
大豆	大豆种子、大豆、大豆粉、大豆油、豆粕
玉米	玉米种子、玉米、玉米油、玉米粉（含税号为 11022000、11031300、11042300的玉米粉）
油菜	油菜种子、油菜籽、油菜籽油、油菜籽粕
棉花	棉花种子
番茄	番茄种子、鲜番茄、番茄酱（目前我国没有生产和进口）

　　许多国家或地区对转基因产品实行标识管理。欧盟采取定量标识制度，规定所有产品中凡转基因成分≥0.9%必须标识；日本采取按目录定量标识制度，对目录范围内转基因成分≥5%的产品进行标识；美国市场上约70%的加工食品含有转基因成分，一直实行自愿标识制度，2016年美国颁布《转基因信息披露法案》，要求采用文字符号、二维码、网站、咨询电话等方式披露食品中的转基因成分信息，具体办法正在制定中。

24. 如何了解中国转基因安全管理的有关信息？

　　中国通过政府公报、官方网站、新闻发布会、广播、电视、报刊等多种方式和渠道，依法开展农业转基因生物安全管理信息公开工作，提高转基因工作的透明度和公众参与度。

　　农业农村部官方网站"转基因权威关注"专栏（http：//www. moa. gov. cn/ztzl/zjyqwgz/），公开了农业转基因生物相关法律法规、安全评价标准、指南、检测机构、转基因生物安全审批结果、监管等

信息，公布了获得安全证书的安全评价资料并持续更新信息，不断扩大主动公开范围。农业农村部开设了"中国农业转基因管理"官方微信公众号和官方微博。在《农业转基因生物安全评价管理办法》等法规规章制定修订、第五届安委会组建等重要工作的过程中，农业农村部都会公开征求社会公众意见。

农业农村部官方网站设置信息公开专栏，明确信息公开方式。对政府信息公开申请，按照《中华人民共和国政府信息公开条例》相关要求，依法属于公开范围的，及时提供相关政府信息或告知获得信息的途径；依法属于不予公开范围的，明确告知申请人并说明理由。

第五章

转基因专利：
我们有优势

※本章提要※

　　如果真的害怕中国的转基因粮食作物商业化后，会因涉及国外专利而危及国家粮食安全，则这样的担心并不多余。毕竟，"专利侵权"已落入法律范畴，在当今知识产权保护日趋严格和国际化的形势下，侵权可不是小事。当然，对于这个问题的回答，中国科学家同样掷地有声：放心，我们的技术也有专利！

25. 专利问题会遏制中国农业吗？

有人会提出，转基因专利绝大多数掌握在国外公司手中，转基因产业化后，会不会因为专利问题进而影响到中国的粮食安全？

其实，目前中国获得具有自主知识产权的重大育种价值的关键基因有100多个，转基因专利总数位居世界第二，也就是说，转基因领域的专利技术并不都掌握在国外公司手中，不存在发达国家和跨国种业集团垄断转基因技术的情况。

回到专利本身，它也不会阻碍中国转基因产业化的发展。比如说，一个外国公司在中国申请了某项转基因专利，中国某个转基因产品的应用需要用到这一专利，那么只要付费就可以了。大家都知道，中国的手机厂商都要用到美国高通公司的专利，也都是通过付费方式解决的。

此外，专利有具体的保护期限，过了保护期限的专利技术就成了通用技术，无需付费。

当然，中国还是要发展自己的转基因技术，毕竟"付费"也会让人"肉疼"。公众应该对中国的科学家有信心，转基因抗虫棉就是最好的例子。在 20 世纪 90 年代中期，上市的转基因抗虫棉全部是国外公司的产品，但中国很快奋起直追。目前，全国转基因棉花国产占有率超过 95％。

26. 转基因领域，我们都有哪些专利技术？

中国对转基因技术非常重视，20 世纪 80 年代中期开始实行的 863 计划，其中就包括转基因育种项目。经过 20 多年的发展，中国已获得具有自主知识产权的重大育种价值的关键基因 100 多个，转基因专利总数位居世界第二。

比如最近 5 年，由中国科学家发现的目前应用最为广泛的 Bt 基因，在国际上登记的占到世界总数的一半。由此可以看出，在一些新基因的发掘上，中国取得了非常大的成效。

作为反映转基因研发实力的重要体现，中国发表的转基因作物研究 SCI 论文也已处于世界前列。

1983-2014年发表转基因作物研究SCI论文前五排名国家

作物	第一名	第二名	第三名	第四名	第五名
水稻	中国 605	美国 338	日本 327	韩国 194	印度 169
玉米	美国 683	中国 373	德国 219	日本 183	英国 149
大豆	美国 232	中国 155	日本 96	巴西 78	意大利 51
棉花	中国 234	美国 232	印度 59	澳大利亚 57	英国 39
小麦	美国 174	中国 135	英国 87	日本 56	德国 41
油菜	英国 71	中国 55	德国 55	美国 53	法国 37

数据来源：《转基因安全性的9000篇论文分析》

可以说，中国科学家在水稻功能基因组学及基因克隆研究方面处于国际领先水平，玉米、小麦、大豆、棉花功能基因研究也步入了世界的前列。

在产品研发上，中国取得了长足的进步。比如，科学家利用转基因水稻作为"生物反应器"，生产出可供人类使用的人血清白蛋白，人血清白蛋白作为人工血浆替代物在医学上有广泛而重要的用途，该成果获得国家发明二等奖。

第六章

谣言与真相

综述　谁在传播转基因谣言?

纵观技术发展史，每次出现重大技术突破时（如蒸汽机、火车、飞机的诞生）引发激烈的争论均属于正常现象，转基因技术也不例外。转基因技术是一项新兴技术，公众对其认识有一个过程，存在疑虑和担心是正常的。受宗教信仰和传统文化等影响，有人认为转基因技术违反自然规律，而对其加以反对。但从科学层面看，对转基因的安全性已有共识，不存在科学争议。

世界各国资源储备不同，转基因创新能力和竞争实力不同，一些国家因此对转基因采取了截然不同的态度和政策，比如巴西、阿根廷大力种植转基因大豆并向全球出口，而俄罗斯则禁止种植转基因作物。不同产业、不同主体出于自身利益考虑，或抵制或推广。

目前转基因争论已经超出了单纯的技术范畴，涉及社会、经济以及政治话题，折射出不同国家、群体之间错综复杂的心理、文化差异与矛盾。目前反对转基因的声浪，绝大多数是因为对转基因不了解或了解不全面、深受转基因谣言的蛊惑而产生担忧甚至反对。

在中国，转基因争论尤为激烈，还有其特殊原因。"转基因"的字面意义容易引起公众恐慌，公众误以为外来基因会在物种间自由转移，进而改变人类基因，影响后代。实际在国际上，所谓的"转基因生物"英文原文是"genetically modified organism"，主要指用基因工程技术改造生物体。

近些年中国农业连年增产，农产品供给充足，公众现在主要关注质量安全，在安全问题上容易受负面言论影响，对一些谣言"宁可信其有"，加剧了对转基因的担心和抵触。

与此同时，确实有少数组织和个人，出于私利而有意把转基因污名化、妖魔化、政治化，一到敏感时期就进行炒作，散布谣言，误导公众，影响社会稳定。

谣言一：美国人不吃转基因食品，生产出来都卖给中国人

真相：美国市场上 70％左右的加工食品都含有转基因成分。

美国是转基因技术研发大国，也是转基因食品生产和消费的大国。据不完全统计，美国国内生产和销售的转基因大豆、玉米、油菜、番茄和番木瓜等植物来源的转基因食品超过 3 000 个种类和品牌，加上凝乳酶等转基因微生物来源的食品，超过 5 000 种。

2017 年，美国转基因作物种植总面积为 10.9 亿亩，占可耕地面积的 40％以上；92％的玉米、96％的棉花、94％的大豆和 99％的甜菜是转基因品种。

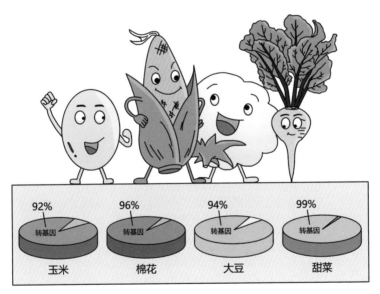

目前，美国批准了 20 种转基因植物产业化。品质改良转基因马铃薯、抗褐变转基因苹果、快速生长的转基因三文鱼等新型转基因产品率先在美国获得批准。

谣言二：转基因大豆毁掉了阿根廷农业

真相：阿根廷因为使用转基因技术成为全球农业出口大国，

给农民带来了实实在在的利益。阿根廷是全球率先采用转基因作物的几个主要国家之一。2016年，阿根廷仍然保持其全球第三大转基因作物生产国的排名，仅次于美国和巴西，占全球种植面积的13%。该国种植了2 382万公顷转基因作物，包括1 870万公顷转基因大豆、474万公顷转基因玉米和38万公顷转基因棉花。

阿根廷农民因种植转基因大豆而大幅增长了收入，这其实是转基因技术给农业带来切实好处的一个经典案例。阿根廷在过去15年间，大豆种植面积扩大了2倍，产量增长了3倍——其产量增加中的60%与转基因育种直接相关，另40%与耐除草剂转基因技术造成的免耕种植以及新的作物品种能更好抵抗恶劣天气等因素有关。转基因技术让免耕成为可能，这显著减少了水土流失，不但提高了土地质量，还保护了生态环境。单单在大豆这一种作物上，阿根廷在过去15年中因为以转基因品种替换常规品种，就直接多获得超过1 100亿美元的利润，并且这些利润的绝大部分为农民和消费者所得。

谣言三：转基因导致广西大学生不孕不育

真相：广西大学生不孕不育与转基因无关。

广西大学生精液异常之说，出自广西医科大学第一附属医院在调查研究基础上所提出的《广西在校大学生性健康调查报告》，研究者在报告中并没有提出任何精液异常与转基因有关的观点，而是列出了环境污染、长时间上网等不健康的生活习惯等因素。

谣言四：转基因致老鼠减少，母猪流产

真相：2010年9月21日，《国际先驱导报》报道称，"山西、吉林等地区种植'先玉335'玉米导致老鼠减少、母猪流产等异常现象"。科技部、农业部分别组织多部门不同专业的专家调查组进行实地考察。

据调查，"先玉335"不是转基因品种，山西、吉林等地没有种植转基因玉米，老鼠减少、母猪流产等现象与转基因无关联，属虚假报道。《国际先驱导报》的这篇报道被《新京报》评为"2010年十大

科学谣言"。

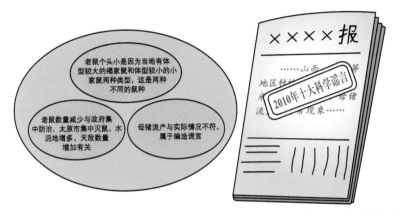

老鼠数量减少与政府集中防治、太原市集中灭鼠、水泥地增多、天敌数量增加有关；老鼠个头小是因为当地有体型较大的褐家鼠和体型较小的小家鼠两种类型，这是两种不同的鼠种；母猪流产与实际情况不符，属于编造谎言。

谣言五：转基因食品影响子孙后代

真相：现代科学没有发现一例通过食物传递遗传物质整合进入人体遗传物质的现象，食用转基因食品影响子孙后代之说完全属于危言耸听。

人类食用植物源和动物源的食品已有上万年的历史，这些天然食品中同样含有各种基因，从生物学角度看，转基因食品的外源基因与普通食品中所含的基因一样，都被人体消化吸收，食用转基因食品是不可能改变人的遗传特性的。事实上，任何一种人们常吃的即使是最传统的动植物食品，都包含了成千上万种基因，不可能也没有必要担心食物中来自动物、植物、微生物的基因会改变人的基因并遗传给后代。

谣言六：市场上销售的圣女果、紫薯、彩椒等都是转基因品种

真相：目前我国市场上销售的圣女果、紫薯、彩椒等都不是转基因品种。

植物是大自然赋予人类的宝贵财富，人类在长期的农耕实践中对野生植物进行栽培和驯化，从而形成了丰富的作物类型。我国市场上所有的圣女果、紫薯、彩椒等都是自然演变和人工选择产生的品种。

转基因产品可以分为两类：一类是我国自己种植和生产的转基因抗虫棉和转基因抗病毒番木瓜；另外一类是从国外进口的转基因大豆、转基因玉米、转基因油菜、转基因甜菜和转基因棉花以及相关产品，进口产品均用作加工原料。

谣言七：转基因食品会致癌，导致不孕不育

真相：为保障转基因产品安全，国际食品法典委员会、联合国粮农组织、世界卫生组织等制定了一系列转基因生物安全评价标准，成为全球公认的评价准则。依照这些评价准则，各国制定了相应的评价规范和标准。

从科学研究上讲，众多国际专业机构对转基因产品的安全性已有权威结论，通过批准上市的转基因产品是安全的。从生产和消费实践看，20 年来转基因作物商业化累计种植 300 多亿亩*，至今未发现被证实的转基因食品安全事件。

---

* 亩为非法定计量单位，1 亩≈666.7 米^2。——编著注

转基因技术 1982 年开始应用于医药领域，1989 年开始应用于食品工业领域，目前广泛使用的人胰岛素、重组疫苗、抗生素、干扰素和啤酒酵母、食品酶制剂、食品添加剂等，很多都是用转基因技术生产的产品。

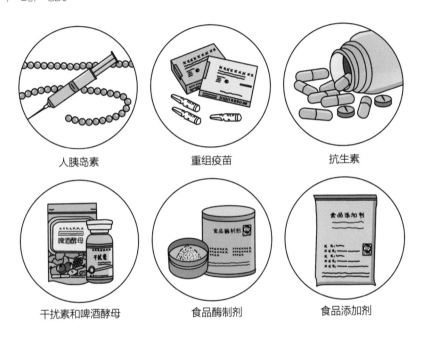

人胰岛素　　　　　重组疫苗　　　　　抗生素

干扰素和啤酒酵母　　食品酶制剂　　　食品添加剂

谣言八：抗虫转基因作物虫子吃了会死，对人体同样有害

真相：抗虫转基因作物对人体无害。

抗虫转基因作物中的 Bt 蛋白是一种高度专一的杀虫蛋白，只能与棉铃虫等鳞翅目害虫肠道上皮细胞的特异性受体结合，引起肠穿孔，导致害虫死亡，而其他昆虫、哺乳动物和人类肠道细胞没有 Bt 蛋白的结合位点，因此不会对其他昆虫和哺乳动物造成伤害，更不会影响到人类健康。

另外，人类发现 Bt 蛋白已有 100 年，Bt 制剂作为生物杀虫剂的安全使用记录已有 70 多年，至今没有 Bt 制剂引起过敏反应的报告。

谣言九：转基因作物不增产，对生产没有任何作用

真相：转基因农作物的增产效果是客观存在的。现阶段广泛商业化种植的转基因作物并不以增产为直接目的，有着更高产量和其他更优良特性的转基因作物，是下一代转基因作物研发的方向。

农业上的增产与否受多种因素影响，转基因抗虫、耐除草剂品种能减少害虫和杂草危害，减少产量损失，加快了少耕、免耕栽培技术的推广，实际起到了增产的效果。如巴西、阿根廷等国种植转基因大豆后产量大幅度提高；南非推广种植转基因抗虫玉米后，单产提高了一倍，由玉米进口国变成了出口国；印度引进转基因抗虫棉后，也由棉花进口国变成了出口国。

谣言十：种植转基因耐除草剂作物会产生"超级杂草"

真相：转基因耐除草剂作物不会成为无法控制的"超级杂草"。

1995 年在加拿大的油菜地里发现了个别油菜植株可以抗 1～3 种除草剂，因而有人称它为"超级杂草"。事实上，这种油菜在喷施另一种除草剂 2，4-D 后即可全部杀死。"超级杂草"只是一个形象化的比喻，目前并没有证据证明"超级杂草"的存在。